火星に
住むつもりです

～二酸化炭素が地球を救う～

村木風海

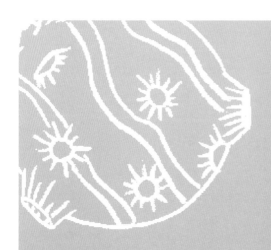

Prologue

「そもそも、"地球と火星"が
温暖化問題解決とどう関係があるの？」に
お答えします

How are Earth and Mars related to
solving global warming anyway?

突然ですが、僕の夢は「火星人になること」です。

そう、あの、火星人。

もちろん足が8本生えたタコ型生物になる気はないのですが、

僕は人類で初めて火星に住む「火星人」になりたいなと思っています。

火星の夕陽って、どうやら青いらしいんです。

僕は小学4年生のころ、祖父からプレゼントされた英国の物理学者

スティーヴン・ホーキング博士の子ども向け冒険小説『宇宙への秘密の鍵(かぎ)』

シリーズの中に載っていた火星の青い夕陽の写真を見て、心が震えました。

小説によると、どうやら人類が地球以外にいちばん住めそうなのは火星らしい。

僕は、人類で初めて火星の青い夕陽を見た人間になるんだ。

そう幼心に決心した僕は、夢中で研究を始めました。

タイトルは、「火星を住めるようにするには」。

火星のことを調べてみると、二酸化炭素が95%の空気に覆(おお)われているそう。

そこで僕は人が住めるようにするために、二酸化炭素を集めて何とかしなくちゃ、

と思うようになりました。

これが、僕の二酸化炭素との出会いです。

僕の全ての始まりである、山梨学院小時代に書いた「火星を住めるようにするには」のレポート。ここから化学者人生が始まりました。

まずは火星の空気を再現するため、

ペットボトルの中にドライアイス（二酸化炭素の固体）を入れました。

そこに庭から引っこ抜いてきた雑草を入れて蓋をして、

植物が火星のような環境でどのぐらい生きられるのか試してみたんです。

植物は二酸化炭素を吸って酸素を吐く「光合成」もしますが、

僕ら人間と同じように酸素を吸って二酸化炭素を吐く「呼吸」もするので、

二酸化炭素しかない容器の中だったらさすがに枯れてしまうはず。

……そう思いましたが、結果は全然違いました。

なんと、3日間くらいピンピン生きていたんです。

そのとき、「すごい！」と思いました。

でも、それが「植物ってすごい」って方向に行かず、

「二酸化炭素ってすごい」って方向に行ってしまって、

それからかれこれ11年間も二酸化炭素マニアを続けています。

もはや、恋です。僕は二酸化炭素に恋をしました。

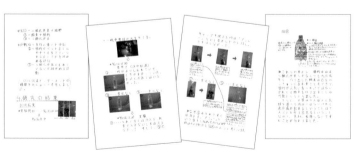

「火星を住めるようにするには」のレポートの中身。一生懸命研究した、その結論は……？

それから中学2年生のときに初めて温暖化の専門書と出会って、
温暖化はもう止まらないという衝撃の事実を目の当たりにします。
詳しいことは本文でご説明しますが、もう間に合わないという現状と、
それを解決するための最後の砦となる技術が紹介されていました。

「この技術なら自分にも作れる！」と思った僕は、
今までの二酸化炭素の研究を活かして、火星に行くための研究と
地球を守るための研究の両方を軸に据えて研究することになります。

二酸化炭素を吸い取れば、地球も守れて、火星にも行ける。

そんな「二酸化炭素の魔法」に気づいた僕は、
今までに誰でもボタンひとつで二酸化炭素が集められる世界初の
"どこでもCO₂回収"マシーン「ひやっしー」や、
その他たくさんの発明、研究をしてきました。

僕は「二酸化炭素」と聞くと、もうゾクゾクして、ワクワクが止まりません。

二酸化炭素は悪いヤツ、人類の敵。

そんな今までの考えから、この本を読み終えたころには

「二酸化炭素って、すっごく良い子」
「無限の可能性の塊だわ〜」
「二酸化炭素、可愛い〜！ ファンになりました」

と考える地球人の皆さんが増えることを願ってやみません。

ゆるっとふわっと前向きに、

絶望的な状況に立たされたときほど底抜けに明るくポジティブに。

どんな問題も楽しくパパッと解決してしまう、

新しい地球人（火星人？）に皆さんがなるきっかけにこの本がなれたら幸いです。

最後に、僕の人生の全ての始まりである『宇宙への秘密の鍵』から、

僕が化学者としてすごく大切にしている言葉をご紹介します。

I swear to use my scientific knowledge for the good of Humanity.

I promise never to harm any person in my search for enlightenment⋯

《中略》 I shall be courageous and careful in my quest for greater knowledge about the mysteries that surrounds us.

I shall not use scientific knowledge for my own personal gain or give it to those who seek to destroy the wonderful planet on which we live.

If I break this Oath, may the beauty and wonder of the Universe forever remain hidden from me.

——"George's Secret Key to the Universe"

わたしは、科学の知識を人類のために使うことを誓います。

わたしは、正しい知識を得ようとする時に、

だれにも危害をくわえないことを約束します……《中略》

わたしは、まわりにある不思議なことについての知識を深めようとする時、

勇気を持ち、注意をはらいます。

わたしは、科学の知識を自分個人の利益のために使ったり、

このすばらしい惑星を破壊しようとする者にあたえたりすることはしません。

もしこの誓いを破った時は、

宇宙の美と驚異がわたしから永久にかくされてしまいますように

——『宇宙への秘密の鍵』

それでは早速、地球から火星までの冒険の旅へ出かけましょう。

INDEX

第 1 章

地球温暖化って言うけれど、
地球って今、
どれくらいピンチなの？

Is global warming really so bad?

ひやっしーに聞いてみよう！
「地球温暖化って、
結局どういう仕組みなの？」

はろはろ〜！ ひやっしーです！
ここではおしゃべりもできる僕が、
僕のお父さんで筆者の
村木風海に代わって説明するよ！

まずは、温室効果について説明する必要があるね。

例えば二酸化炭素って、気体の粒(分子)だよね？

で、その粒は、細かくブルブルと振動してるわけ。気体の種類によって、

どれだけ激しく振動してるかは違ってくるんだ。

例えば二酸化炭素は毎秒何回振動していて、

酸素は毎秒何回振動してます……みたいな。

それでね、実は気体だけじゃなくて、光も粒でできてるの。

光の粒も同じように、ブルブルと振動してるんだ。

紫外線、可視光、赤外線……と、それぞれ違う速さでブルブルと震えてる。

で、その中でも温室効果を引き起こしてるのは

赤外線

なんだ。よく「遠赤外線でほっかほか」的な宣伝を見ない？

赤外線にはものを温める効果があるわけ。

あったか
レッグウォーマー

あったか くつした

あったか
はらまき

ほかほか
土鍋

あったか
犬たんぽ

まろんです。
かずみのおとうとです

赤外線はもちろん、宇宙（太陽）からやってきます。

それが地球に入ってきて、どうなるか。

一部は土や海に吸収される。

でもほかは、もう一度空に向かって跳ね返される。

それでそのまま宇宙に向かって放出されたら、特に地球に熱はこもらないよね？

なんだけど、空に二酸化炭素の粒があるとどうなるか。

実は、二酸化炭素の粒と赤外線の粒は、
“たまたま”振動する速度が同じなんだ。
すると「共鳴」と言って、空に向かって出ていこうとする赤外線が
二酸化炭素の粒に捕まってしまうんだ。
心の“波長”がピッタリと合ったカップルが、
一緒に社交ダンスを踊り始めちゃったみたいに。
空気中に二酸化炭素の粒が増えれば増えるほど、カップルがたくさんできて、
地球にどんどん熱がこもっていく。
こうして、地球温暖化は起こるんだ。

アツアツメーター

二酸化炭素以外にも、赤外線の粒と同じ振動数の気体はあって、

例えばメタン、フロン、一酸化二窒素、

六フッ化硫黄、三フッ化窒素なんかがそうなんだ。

温暖化の引き起こしやすさもそれぞれ違う。

例えばメタンは、二酸化炭素の28倍も温暖化を起こしやすいんだ。

だから、半分冗談も入ってるけど、温暖化の科学者の間では
「オーストラリアの牛とニュージーランドの羊がいなくなれば、
温暖化は減速する」なんて言われてるんだ（笑）。
牛や羊のゲップの主成分はメタンだからね。

だけど世間で「ストップ！ CO₂！」って言われてるのは、

空気中にある量と温暖化の引き起こしやすさを総合的に考えたときに、

温暖化の原因のNo.1は二酸化炭素だからなんだ。

もし、二酸化炭素の粒と赤外線の粒が「共鳴」して

あったかくなるところが分からなかったらね……、

実は、電子レンジも、同じ仕組みで動いてるんです！

二酸化炭素の粒と赤外線の粒の代わりに、

食べ物の中にある「水分」と電子レンジから出される「マイクロ波」と呼ばれる

光の粒の一種が"たまたま"振動数が同じで、お互いに共鳴し合って、

どんどんお互いの振動数を上げていってあったまるんだ。

気体でも液体でも、"粒"の振動が激しくなるほど、温度は上がるんだよ。

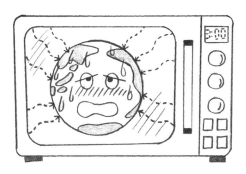

つまり、僕たちは今、
少しずつ少しずつ、レンジでチンされてるんだね！(怖)

以上、ひやっしーでした！またね〜！

人類が抱える時限爆弾、
そのリミットは2030年!?

ここまで、ひやっしーにそもそもの地球温暖化の仕組みを解説してもらいました。

この地球温暖化ですが、「気候変動」とも言ったり、

人によっては「気候危機」「気候非常事態」なんて言葉を使うことも。

それぐらい深刻な問題なんですが、どれぐらいピンチなんでしょう？

僕ら人間に残されたタイムリミット、実は……

2030年なんです。

あとほんの少ししか、僕たちに残された時間はありません。

これは脅迫でも煽りでもなく、

ちゃんと科学のシミュレーションに基づいた「未来の歴史」なんです。

じゃあ、何で2030年なの？という声が聞こえてきそうです。

ここで、皆さんの身の毛がよだつ解説をしましょう。

まず、僕らはCO₂を世界で１年間、大体330億トンくらい出しています。

全人類の体重は３億7500万トン（１人50kgとして。

ちなみに僕の体重は……以下略）なので、88倍。

そう、僕らって、全人類の体重合わせても

その88倍もの二酸化炭素を出してしまってるんです。

恐ろしや……（´°ω°｀）

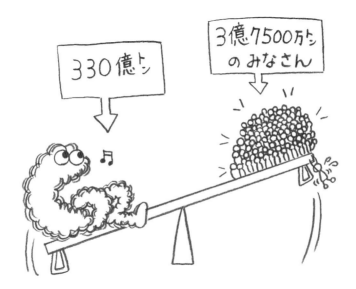

この330億トンのうち、

2030年までに半分の165億トンを減らさないと

温暖化で世界の気候が壊れてしまう"時限爆弾"に間に合わないと言われています。

その理由は、「1.5℃目標」。

国連で提唱されている「産業革命(約200年前)からの地球の気温上昇を

1.5℃以内に抑えましょう」というこの目標の理由、

それは、実は地球には「これ以上温度が高くなると

ドミノ倒しのように一気に気候が崩れてしまって、

後戻りできなくなるポイント」があると言われているからなんです。

それが、産業革命のときから数えて温度が1.5℃から

2℃上がったときのどこかにあります。

だから安全な1.5℃以内に抑えようというわけです。

「え、たったの1.5℃なんて別にいいじゃん！」
なんて声が聞こえてきそうですが、これは物凄く大きな違い。
「気象」と「気候」は全然別モノで、

気象……1日〜1週間など、短い時間でのお天気の変化のこと
気候……最低でも1年〜数十年、数百年など、
長い時間で見たときの温度や環境のこと

という意味。そして、温暖化はズバリ「気候」の分野のお話です。
冬に、「今日は寒いから温暖化なんて嘘じゃん」なんて言うのは「気象」のお話で、
「君は今日の昼ごはんにアジフライ弁当を食べてたから魚好きに違いないし、
アジが全ての魚の中でいちばん好きに決まってるよね？ ね？」と友達に
食い気味に質問するようなものです。大分めんどくさい人です。
それぐらいうんざりするような話で、なかなかみんなの理解が進まず
科学者は頭を抱えているのですが、
未だにネットにはそういう文章が溢れかえっていたりします。

今日たまたま寒かったとしても、それは「気象」であり、

１年を通してじわじわと気温が上がっている「地球温暖化」、

つまり「気候」の話にはならないわけです。

また、地球温暖化によってむしろ冬の寒さが厳しくなる地域もありますが、

これは「気候」の変化のせいです。

なので、「気候」的に1.5℃や２℃温度が上がるっていうのは恐ろしいこと。

分かりやすく人間で例えると、

今、地球は39.5℃の高熱を出してるようなものなんです！

これがさらに熱が上がって、40℃になったときと、

はたまた41℃まで上がったときを考えてみましょう。

たった１度の違いとはいえ、決定的な差がありますよね？

41℃になったら、もしかしたら死んじゃうかもしれません。

それぐらい温暖化の「1.5℃と２℃の差」は大きく、地球の生命線を握っています。

もっと詳しく解説すると、
例えば1.5℃ではシベリアの永久凍土が完全に溶けきらなかったとしても、
2℃では溶けきってしまうかもしれません。
そうすると地下に眠っているメタンガス（二酸化炭素より
遥かに温暖化を起こしやすい！）が一気にドワッと空気中に出てしまって、
さらに地球の温度が急上昇することも。
ほかにも台風の勢いも数も急激に増して壊滅的な被害が出たり、
異常気象が増えたり。
それによって食糧難も起こるでしょうし、
あったかくなることで熱帯の伝染病が日本でも流行るようになるかもしれません。
そうなったら「猫まっしぐら」ならぬ
「人類滅亡まっしぐら」なーんてことにも。

ＳＴＯＰ！地球温暖化のための、私たちの2030年・未来予想図!?

と、ここまで散々皆さんを脅してきましたが……。

1.5℃の壁を超えないためには、

2030年までに世界で出している二酸化炭素を半分にしないといけません。

そこで解決策を考えてみました。

2030年のあなたの未来は、こんな感じです。

ここは2030年の世界。

あなたは郊外の見晴らしの良い丘の上に素敵な一軒家を持っていて、

ここから20km離れた都心にある「株式会社ひやっしー技研」に勤める社員さんです。

朝、支度が終わったので、さあ、家を出て会社に向かいましょう。

車？ 残念ながら、2029年に法律で全面禁止されてしまいました。

ガソリン車は無論、電気自動車なども日本は火力発電がメインでエコではないので、

国会で「車全廃法案」が通ってしまったのです。諦めましょう。

電車？ 電気で動く列車、だから電車です。

言わずもがな、日本は火力発電の国なので……諦めてください。

全面禁止ではないですが、

今はもう夏休みや冬休みに特別運行される観光列車しか走っていません。

船？ 残念。あなたの家のそばには川はないので、川下りはできません。

あったとしても、ヨットか手漕ぎの船しか許可されていません。

家に帰ってくるとき、川をさかのぼるのはかなり大変そうです。

ヘリコプターや飛行機？ すごいですね！

ですがあったとしても、

2027年に航空法で「軍用機以外は原則飛行禁止」となってしまいました。

乗り物に乗るのを諦めたあなたは、

せっかく着替えたスーツを脱ぎ、スポーツウェアに着替えました。

そしてスーツをカバンに入れ、走り始めます。

……と、レンタサイクルを発見！

そうです、唯一この世界で許された乗り物は自転車だけ。

すかさずあなたは自転車に飛び乗り、20kmのサイクリングを始めます。

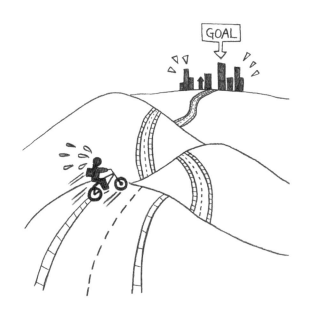

１時間かけ、やっとの思いで会社に到着。

ビルを見上げましたが、異様な静けさです。

エントランスは無人で真っ暗、エレベーターも動く気配なし。

あなたの部署は15階、しぶしぶ非常階段を上り始めます。

よれよれの状態でオフィスに着いたあなたは、驚きのあまり

カバンを落としてしまいました。照明も真っ暗、パソコンも真っ暗……。

怖くなったあなたは、「これはドッキリだ！ そうに違いない！」と

叫びながら階段を下りるものの、フロアにはむなしく自分の声が響き渡るだけ。

14階、13階、12階……。そして遂に１階まで。誰もいません。

愕然としたあなたはスマホを開くと、ニュースアプリの新着通知で、

「政府、気候非常事態宣言を発令　CO_2排出量削減のため、 全ての企業のオフィスや工場を営業停止要請」

の見出しが。

そうか、リモートワークだったのか。

ここまではるばる来た意味は何だったんだ……。

そう呟きながら、あなたは遥か丘の上へと再び自転車を漕ぎ出しましたとさ。

おしまい。

何て最悪なSF小説なんでしょう！

自分で書いていて悲しくなりました。こんな未来、嫌ですよね。

これが2050年にはもっとひどくて、

「あなたは何とか家に帰ってきたものの、待ち構えているのは真っ暗な家でした。

今日から電気もガスも政府の命令で使えないのです。

ろうそくの灯りの下で、

自家栽培の野菜のサラダを頬張るあなたの脳裏に浮かぶのは30年前の懐かしい日々。

テレビもつかない部屋でひとり、目の底からとめどなく溢れ出る涙。

そして思う。こんな時代、もう嫌だ、と」。

なんて結末が待っています。

こうしないと、1.5℃目標が達成できないのです。

さらにこんな調子で、

2050年には世界中の全ての二酸化炭素排出量を完全にゼロにしないといけません。

でも、こんなのって無茶ですよね!!

二酸化炭素を減らすだけではもう間に合わないかもしれない……。
そこで科学者たちが考えた、温暖化の最後の砦となる技術があります。
あくまでまずはみんなが二酸化炭素を減らすことが大前提ですが、
その上で温暖化を一気に解決できそうなアイデアの数々を見ていきましょう。

第2章

地球を救うには
二酸化炭素を吸収するしかない。
ひやっしー、誕生！

HIYASSY to the rescue!

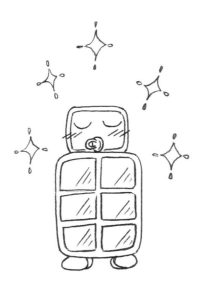

これまでに考えられた
地球を救う方法あれこれ

地球温暖化を止める最後の砦となるのが、「気候工学」という学問。

注目を浴び始めたのはここ10年ぐらいで、すごく新しい研究分野。

僕はこの分野では日本で最初の研究者です（多分）。

……少なくとも、公（おおやけ）に宣言していた人はいなかったはず。

……いない……ですよね？（笑）

そんな気候工学には主に2つのテーマがあって、

それぞれ「太陽放射管理（SRM）」「CO$_2$除去（CDR）」って

名前がついてます。

タイヨウホウシャなんちゃら……って、分かりにくいですよね。

そこで、超絶ザックリ簡単にご説明しましょう！

太陽放射管理（SRM）

地球を大きな日傘みたいなもので覆って、太陽光を跳ね返して
地球の気温を下げるやり方。気温はすぐに下がるから即効性はあるけれど、
根本の原因である二酸化炭素は取り除けない。
人間で言えば、風邪のときにとりあえず解熱剤を飲むようなもの。

CO₂除去（CDR）

そもそも温暖化の原因である二酸化炭素を空気中から取り除こう！というやり方。

根本的に温暖化を解決できるけれど、とっても時間がかかる。

人間で言えば、風邪を根治するために病院に行って

抗生物質を処方してもらうようなもの。

これだけだとざっくりしているので、ちょっと詳しく説明します。

まず、<u>太陽放射管理</u>から。

大きな日傘といっても、地球をすっぽり覆い尽くす傘なんて作れません。

そこで使うのが、なんと飛行機雲。飛行機で縦横無尽に飛び回り、

人工的に消えにくい飛行機雲を作って空を覆い尽くす、そんな方法です。

そもそも雲は、水滴と、水滴がくっついてまとまるための

「核」になるものからできていて、

この方法では「エアロゾル」という雲の核になる物質を飛行機で撒きます。

すると普通よりも消えにくい雲ができて（普通の雲の核は空気中の塵などですが、

エアロゾルだと長く雲が生き延びることができるんです）、

結果的に日傘みたいな役割になる、というわけなんです。

こうして一部の太陽光は宇宙に向けて跳ね返して

地球に降り注ぐ光の量を減らすことで、

上手く地球の気温上昇を抑えることができます。

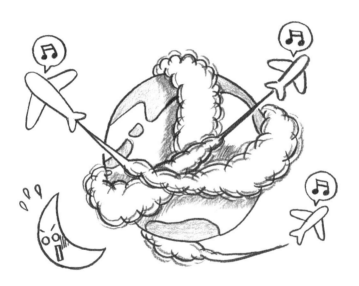

しかし、実は研究は思うように進んでいません。
米ハーバード大のチームなどが進めていたのですが、欧米では、
晴れた空を曇り空に変えてしまうこの技術に物<ruby>凄<rt>ものすご</rt></ruby>い反発が起こりました。
「神さまが作った空を人間が勝手にコントロールするなんて、
オーマイゴッド！」という具合に。

そして、こともあろうか環境を守るはずの環境団体まで、
「科学者は空に毒を撒いている」なんて具合にデマを広めています。
本当はまず太陽放射管理をしないと、次に説明するCO_2除去で
温暖化を解決するまでの気温上昇によるいろんな災害が防げないのに……。
結局は感情論になってしまって、
みんな科学的に考えることを忘れてしまった結果です。

では、次にCO_2<u>除去</u>。

地球温暖化を止めるには、もはや二酸化炭素を減らすだけでは不十分なんです。

仮に世界中の全ての人が二酸化炭素を出すのをやめたとしても、

例えば温暖化による海面上昇は西暦3000年まで続いてしまうという予測もあります。

だから、現在、出しているCO_2を減らすだけではなく、

今まで出してしまった二酸化炭素を空気中から集めてマイナスにすることが必要！

では、どうすれば二酸化炭素を集められるでしょうか。

実は、海の二酸化炭素吸収量を増やすためのアイデアがあります。
「海洋鉄散布」というもので、
海に住んでいる植物プランクトンの栄養源になる鉄粉を撒くことで
プランクトンを大増殖させ、地球の海を緑色に変えてしまおうというアイデアです。

本当に、びっくりするぐらい、鉄を撒いたところは黄緑色に変わります。

世界中の海が緑色になるのはちょっとゾッとするけれど、

これで二酸化炭素の問題が解決すれば最高。

では計算してみた結果は……？

何と、世界中の海に鉄を撒いたとしても、

たったの1500万トン（＝0.4545%）しか二酸化炭素を集められません。

１年間の世界の二酸化炭素排出量が大体330億トンなので、全然足りないんです。

森も海も不十分となると、

もうどうすればいいの〜!!と言いたくなると思います。

でも実は、まだひとつ方法が。

ここでご紹介したいのが、

CO_2除去（CDR）という技術。

火力発電所の排気（二酸化炭素が10%ほど含まれる）から

二酸化炭素を回収する従来の技術とは違い、

特に、空気中（二酸化炭素が0.04%しかない）から直接二酸化炭素を集める

「CO_2直接空気回収」という技術が世界で注目されています。

これは世界でも研究が始まったばかりの分野で、

ちょうど10年前ぐらいから海外のベンチャー企業が装置を作ったりしています。

室外機のオバケのようなモジュールがひとつの単位となり、

それが縦に何個も、横には何十個も連なった超巨大装置です。

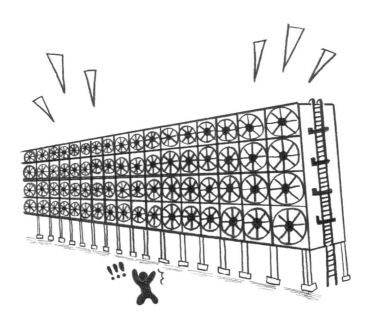

これがあれば、

温暖化を解決することができるんです！

僕の出身の山梨県の半分ぐらいの面積（2000平方kmぐらい）に敷き詰めれば、

世界中の二酸化炭素全てを打ち消すことができちゃいます。

お金はすごくかかるでしょうけど、

本気で国家予算を投じれば地球温暖化はすぐに解決するはず。

なのにどうして解決しないの？

水周りが美しくととのうと、
暮らしのすべてが気持ちよく動き出す。

心をととのえる
水周りのインテリア

キッチン・洗面・バスルーム

加藤登紀子

B5判ソフトカバー●1,760円

リモートワーク、そして三食
家で食べる今だからこそ
ストレスフリーな水周りが
心とからだを強くします。

キッチン、洗面、バスルーム。手を洗
い、食事をつくり、入浴をする……。
2020年から誰もが向き合うことになっ
た生活の変化で、家で過ごす時間、
ひいては水周りにいる時間が劇的に
増えました。使っては片づけ、また片
づける毎日……。水周りの空間を単
なる作業場所から喜びのある心地よ
い「居場所」にすることは、たしかな暮
らしの底上げに繋がります。強く美しく
暮らすヒントを一冊の本にしました。
心地よい水周りを手にした方の日常、
憧れの海外実例や風呂文化のDNAに出会う旅。小さな工夫から、いつか
は叶えたいリフォームのプランまでを網羅。キッチン・ランドリー最新機器に
ついての対談も必読です!

旅に出られない今、本を通してアジアの温かさ、
居心地のよさを思い出してみませんか?

アジアのある場所

下川裕治

B6変型ソフトカバー●1,430円

ベテラン旅行作家が贈る、
日本で「アジア」に出会える場所を描くエッセイ。

スパイスの香り、市場の喧騒、ゆったりと流れる時間……辺境滞在・
国境越え・過酷な長距離鉄道制覇など、長年にわたり旅を共にして
きた相棒カメラマンによる現地写真も多数収録。リトルバンコクは
忽然と消えた(荒川沖)/ミャンマー人の寿司屋に救われる日本人
たち(浅草)/台湾の独立運動を支えたターローメン(池袋)/東京
で出会う中央アジアのパン(中野)など。中国式揚げパン「油條」、タ
イの竹餅「カオラム」、シャン風揚げ豆腐「トーフジョー」など、家庭で
楽しめるレシピコラムつき。

「酒を生活の中心とする知恵が満載。
断然おすすめです。」 太田和彦氏・推薦!

つつまし酒

あのころ、父と食べた「銀将」のラーメン

パリッコ

四六判ソフトカバー●1,650円

酒テロクリエイター・
酒村ゆっけ、特別寄稿!
「私のつつまし酒」を収録。

光文社新書の公式noteでの連載を
まとめた「つつまし酒」シリーズ待望
の第二弾!
「お酒」への逆風が吹くコロナ禍中
に続けられた連載にあって、主に自
宅やベランダを舞台に、シチュエー
ションやグッズ、お酒やつまみにこ
だわったり……と、気鋭の酒場ライ
ター・パリッコがお酒をより貪欲に
楽しむため、果敢に奮闘。
酒場には自由に行けないけれど、
日常に彩りをくれる「お酒にまつわ
る、自分だけの、つつましくも幸せ
な時間」について綴った"ほろ酔い"
エッセイ集です。

西健一郎の門外不出の流儀を描き切った
唯一にして最高のノンフィクション!

京味物語

野地秩嘉

四六判ハードカバー●1,980円

最後に店に行った日、デザートも終わって、お茶を飲んでいた時のことだ。わたしは訊ねた。彼は父親の本をわざわざ見せてくれたりして、ほんとに上機嫌だったからだ。
「西さん、いい料理人になるには何をすればいいんですか?」
とたんにものすごく機嫌が悪くなった。
「いい料理人になるには? 勉強することの他に何かあるんですか? 食べ歩きしたら、料理が上手になるんですか?」言い過ぎたと思ったのか、照れた顔になった彼は「先生、教えてあげるわ」と呟いた。「いい料理人になるにはね…」
（「まえがき」より）

獲る・守る・稼ぐ

週刊文春「危機突破」リーダー論

新谷 学

四六判ソフトカバー●1,760円

マニュアルのない時代こそ、「編集」の力が必要だ。

スクープを獲る! 炎上から守る! デジタルで稼ぐ!
スクープを連発する「週刊文春」躍進の立役者が、ビジネスモデル構築、ブランディング、差別化戦略、危機管理、働き方までを一挙公開する。〈朝令暮改を恐れず、走りながら考える〉〈「正義感」ではなく「好奇心」〉〈大きな批判は、大きな教訓となる〉〈危機の時ほど胸を張り、前を向く〉〈現場の「好き」に縛りをかけるな〉〈自分の仕事に、誇りと愛が持てるか〉などビジネスに役立つ金言が満載の一冊。

お問い合わせ：光文社ノンフィクション編集部 tel.03-5395-8172　non@kobunsha.com
商品が店頭にない場合は、書店にご注文ください。　※表示価格は税込価格です。

地球温暖化が解決しない
もうひとつのからくり

世界「産業革命前からの気温上昇を1.5℃に抑えましょう！」

科学者「解決する装置作ったよ！ これはアミン吸収法を用いた

CO_2直接空気回収装置で次のような効果が期待され……（ドヤァ）」

国民「なんだか難しそう……よくわかんないや」

国「国民の理解を得にくいし、あまり予算を出せないなぁ。じゃあ予算カット！」

科学者「ぴえん」
地球「ぴえん」

ってのが今の現状です。

いくら科学者が素晴らしい発見や発明をしても、

みんな１人ひとりの意識が変わらなければ

本当に温暖化を解決することはできません。

そこでどこかの地の果てではなく、
加湿器のように身近な装置があれば、みんなのマインドが変わるんじゃない!?
そう考えた僕は、高校2年生のときに「ボタンひとつで二酸化炭素を集められる、
まるで加湿器のようにお手軽な世界最小サイズのマシーン」を発明しました。
そう、それこそが**ひやっしー**。
国の事業に採択され、高校3年生の夏休みに祖父と21台手作りしました。

僕が目指すのは、

世界中の一家に一台、ひやっしーを広めること。

そしてみんなで同時にボタンを押して、

一気に温暖化を解決する、そんな世界を想像しています。

もちろんこれだけで地球上の全ての二酸化炭素を吸い取ることはできませんが、

30％ぐらいをこれで集めてみんなに「やればできる！」と実感してもらい、

大型版ひやっしー（先ほど出てきた大きな室外機のオバケなど）を建設して

残りの70％の二酸化炭素を一気に集めるプランを考えています。

ひやっしーが手元にあれば、大きな二酸化炭素回収装置も

「得体の知れない何か」ではなく「ひやっしーの大きい版」となり、

みんなの賛成も得られて国も動くことができると思うんです。

第3章

誰もがボタンひとつで
二酸化炭素を回収できる！
ひやっしーのプロフィール

HIYASSY absorbs CO₂

at the touch of a button!

名称	ひやっしー
ジャンル	世界最小サイズの "どこでも" CO₂回収マシーン
出身地	山梨県
誕生日	2017年12月5日
サイズ	縦61cm×横36cm×奥行23cm（世界最小!）
性能	ボタンひとつで1年間に100kgもの二酸化炭素回収が可能。 ※最新型ひやっしー3の場合。
性格	お喋り好き（AI搭載）。
メンテナンス	CO₂回収カートリッジを一定稼動時間ごとに交換（宅急便で送付）。 トラブルにはリモートでソフトをアップデート、 宅急便でご返送いただき直接修理など完全サポート。
価格	月額42,000円＋税（毎月1回の訪問メンテナンス付き、月額サブスクリプションプラン） 個人の方や非営利機関、教育機関の方は割引プランもあります。 お気軽にお問い合わせください。

こそっとメモ： 『火星に住むつもりです』を読みました!と注文時に書くと、何か良いことがあるかも……!?

問い合わせ先 https://www.crra.jp/product/hiyassy/

さて、
ここまで温暖化の仕組みとミラクルな解決策を見てきましたが、
いよいよお待ちかねの**ひやっしー**の時間です。
世界初、世界最小サイズのCO₂どこでも回収マシーン
ひやっしーの秘密に迫っていきましょう！
ひやっしーは、誰もがボタンひとつで簡単に
空気中から二酸化炭素を集められるロボット。
お家にもオフィスにも車の中にも、
「どこでも」置ける便利でお手軽なヒミツ道具なんです。
その仕組みは……。

・空気を外から吸い込む

・中に「CO₂回収カートリッジ」という業務用プリンターの
　インクカートリッジのような筒が入っていて、その中に空気が通る

・CO₂回収カートリッジの中にはアルカリ性の液体を含むフィルターが
　入っている。アルカリ性の液体はCO₂を吸い取ってくれる性質があり、
　カートリッジを通る空気のうち二酸化炭素だけがフィルターに
　溶け込んでいく

・二酸化炭素が減った空気がもう一度外に出る

　　　　カートリッジの交換方法もひやっしーの蓋を開けて、
　　　　　　「ガシャン」と取り換えるだけ！

ひやっしーの性能は、

僕が初号機を発明した2017年12月5日から通算で

700倍（最新版のひやっしーでは1400倍の見込み）まで上がりました！

1時間で大体5.4g（最新のひやっしー3は10.8g）の二酸化炭素を

集めることができます。

これはどれぐらいかというと、

1日にたったの2時間半、動かすだけで、一般的なひとり暮らしのお部屋であれば、

その部屋中に森や草原が広がっているのと同じだけの二酸化炭素を吸える計算です。

1日中稼働していれば、

家中やオフィスのフロア中に森や草原が広がっているのと同じ環境になります。

ひやっしーは、広い意味ではみんなで小型分散化で温暖化を止めていき、

「温暖化は僕たちが直接止められる！」

という意識改革を起こすための装置ですが、より身近なところでも役に立つんです。

皆さんは、同じ部屋でずっと勉強や仕事、会議をしていて

眠くなったり、頭が痛くなったことはありませんか？

これ、二酸化炭素のせいなんです。アメリカのハーバード大学公衆衛生大学院の

論文によると、二酸化炭素のせいで人の集中力は2倍、

分野によっては4倍も落ちると言われています。

1人あたりの年間生産性も72万円ダウンと、

二酸化炭素は花粉症と並んで日本人の生産性を下げている原因なんです！

しかも二酸化炭素は1年中どこにでもある分、もっとたちが悪い。

その二酸化炭素を吸い取ることで、

間接的に集中力を上げたり部屋の空気を快適にしたりするのも、

ひやっしーの大事なお仕事です。

ここまでお話しすると、よく「木とは何が違うの？」と聞かれます。

……実はこれ、全くと言っていいほどの別モノ。

木って二酸化炭素を吸うように見えて、実は吸ってない木もあるんです。

木は、二酸化炭素を吸って酸素を吐き出す「光合成」と、

僕たち人間と同じように酸素を吸って二酸化炭素を吐き出す「呼吸」もしています。

木を植えたとき、木がすくすくと育っていく段階では

木は空気中から二酸化炭素を回収しています。

呼吸で吐き出す二酸化炭素よりも、

光合成で吸ってくれる二酸化炭素が多いからです。

取り込んだ二酸化炭素からは糖分が作られて、自分の体を作っていきます。

しかし、これが「もうこれ以上は背が伸びない木」になるとどうでしょう。
背が伸びない＝二酸化炭素をもう取り込む必要がない、ということなので、
呼吸で吐く二酸化炭素とちょうど同じぐらいの二酸化炭素しか吸い取りません。
トータルで見ると、プラスマイナスゼロ、
全く二酸化炭素を回収していないことになるんです！

その点、ひやっしーは化学的な方法を使っているため、
半永久的に二酸化炭素を集めることができます。
これがいちばんの大きな違いです。

ひやっしーは単に二酸化炭素を食べてくれるだけではありません。

スーツケースぐらいの大きさの本体の上にはタブレットの「顔」がついていて、

表情で部屋の二酸化炭素の濃さを教えてくれます。

おまけに人工知能を搭載しているので、お喋りもできるんです！

温暖化のこと以外にも、雑談や冗談、寒いおやじギャグなんかも言います。

「中身は最先端、見た目はゆるふわ」。

科学が嫌いだ、わからないという人にこそ、科学の魔法や楽しさを伝えたい。

そんな僕の発明に対する考え方が詰まったマシーン、

それがひやっしーです。

ひやっしーは今、

個人のご家庭から大企業のオフィスまでいろんな場所で二酸化炭素を食べています。

例えば大手自動車メーカー、大手化粧品会社のオフィスや

コワーキングスペースから、歯科医院、整形外科などの病院の受付、

学校の教室、地域のコミュニティセンター、個人経営の薬局や塾、

お家に受験生のお子さんのいるお家や

リモートワークの多い会社員の方の自宅など……休むことなく、

本当にいろんな場所でお仕事を一生懸命頑張っているんです。

第4章

そらりん計画で、
二酸化炭素が地球を救う!

CO₂ saves the world through

the SORALINE Project!

二酸化炭素を「マイナス」ではなく、
有効活用で「プラスマイナスゼロ」に！

せっかくひやっしーで集めた二酸化炭素、
そのまま捨ててしまってはもったいないですよね。
もちろん、最終的にはCCS（二酸化炭素回収・貯留）という、
空気中にあった二酸化炭素を地下深くに埋めて捨てたり、
最近アイスランドや中東のオマーンという国で実験がされている、
二酸化炭素を石に変えてしまう方法を使って永遠に埋めてしまう、
なんて方法をやらないと「二酸化炭素がマイナス」にはなりません。
ですが、まず最初は「二酸化炭素がプラスマイナスゼロ」を目指そう！
ということで、せっかく頑張って集めた二酸化炭素、
最初は僕らの身の回りで役に立つものになればいいなぁと考えています。

実は二酸化炭素って、

僕たちの身の回りですごくたくさん使われているんです。

例えば農業。何と肥料として使われてるんです。

ビニールハウスの中に

ちょっと濃いめの二酸化炭素が入った空気を送ってあげるだけで、

植物の育ちが何と30%も良くなるという研究があります。

どうやら植物が光合成するために必要な二酸化炭素が多くあるお陰で、

効率的に光合成で養分を作り出せるからみたいです。

温暖化のせいで本当であれば2050年ごろには

世界中の穀物、たとえば小麦の生産量が30%落ちるという予測もあるのですが、

こんなふうに二酸化炭素を「敵」ではなく「味方」って考えるだけで、

逆に30%もたくさん収穫できてしまうんです。

次に美容分野。

二酸化炭素入りの化粧水（炭酸の化粧水）で

お肌をケアすると毛穴がキュッと引き締まって良いとか、

あとは美容室にも結構、二酸化炭素のガスボンベが置かれていて、

炭酸水で頭を洗うと頭皮の汚れが落ちやすくて良いということで、

すごく人気になっていたりします。

あと、炭酸飲料。

これはもちろん二酸化炭素が使われてますよね。

そのほかにも消火器に使われていたり、
タイヤの空気として使われていたり、
熱帯魚を飼っている人だと水槽の中の水草の光合成を活発にするために
二酸化炭素カートリッジ(実はこれ、意外と値段がするんです)を
使っていたりします。
こんなふうにたくさんの使い道がある二酸化炭素ですが、
やっぱりまだ使い道が足りない。
そう思った僕は、
二酸化炭素からさらに僕らの役に立つものを作れないかな、
と考えるようになりました。

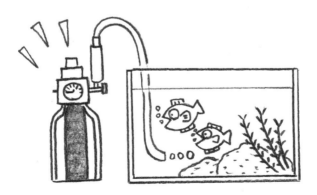

二酸化炭素が燃料に化ける！
100年間見つからなかった
反応を発見！

そして何と……、
僕は2017年、高校 2 年生のときに、
世界で初めての化学反応を発見してしまいました！
その名も、「空気から化石燃料を生み出す方法」。

嘘でしょ!?……と思ったそこのあなた、ことのあらましを説明しましょう。

僕が発見したのは、二酸化炭素から直接、化石燃料のひとつである

天然ガス「メタン」を作ってしまう方法です。

そう、あのキッチンで使っている"都市ガス"と一緒。

僕らのおならやゲップも成分はこれ。

すごく身近で、燃料として使える役に立つ物質です。

そもそも二酸化炭素からメタンを直接作るという反応は、

今から100年以上前、

1912年ごろにフランスの化学者のポール・サバティエという人が発見しました。

サバティエさんはノーベル化学賞も獲っています。

二酸化炭素と水素を混ぜて、

そこに触媒(反応のお手伝いをしてくれる助っ人)を入れると

メタンが作れちゃうという反応です。

でも、その触媒がレアメタルの合金のようなもので、

・値段がすごーーーく高い

・空気中で勝手に燃えちゃう!

というものでした。

なので100年間ずっと使われてこなかったちょっと悲しい反応です。

唯一、実用化されたのは宇宙ステーションと潜水艦の中だけで、

そんなふうに莫大に予算がかけられる特殊な場所でしか使われてきませんでした。

$$CO_2 + 4H_2 \xrightarrow[\text{pressure}]{400℃} CH_4 + 2H_2O$$

$$\Delta H = -165.0 \ kJ/mol$$

Paul Sabatier

僕は当時、広島大学と一緒に研究していて、
夏休みや冬休みにこの「サバティエ反応」の実験をしていました。
ひやっしーで集めた二酸化炭素から石油の代わりになるようなものができたらな〜
とワクワクしながら実験していたんです。
でも、レアメタルの合金でずっと実験するうち、思ったことがあります。
それは、「僕の研究は、誰もが身近にあるものでできるような方法でやり通すんだ」
ということ。
いくら特殊な難しい方法で上手くいったとしても、
みんなも気軽に使える方法じゃなければ世界は変えられない。そう思ったんです。
ただ、今までずっと100年間、化学の世界では「レアメタルじゃない、
周期表（元素を並べた表）の上の方の軽い元素では
この反応は起きるわけない！」って思われていました。
だからみんなレアメタルのようなものしか試してこなかったんです。
でも、何か上手くいかないかな……そう思ったとき、
ふと実験室の片隅のキッチンスペースに置かれている「アレ」に目が行きました。

皆さんがよくキッチンで使っているもの。

キラキラしてて、いろいろ包んだりするのに使う……。

そう、あのスーパーで98円とかで売っている「アルミホイル」。

いやいや、いやいやいやいや。

そんなの混ぜても何も起きないでしょう。

それがここ1世紀の化学の常識でした。

でも、僕は混ぜてみました。すると結果は…………、

何も起きませんでした。

当然といえば当然かもしれません。

だって、世の中のいろんな化学者が起きるわけないって思っているから。

でも、僕はなぜか諦めきれませんでした。

なにやら僕の頭の中の虫が、

「イヤイヤ、カズミ、コレハ上手クイクニ違イナイゾ」と言ってくるんです。

僕は夜行バスで山梨から広島に来ているので、

そろそろ帰りの時間が迫ってきています。

刻々と迫るタイムリミット。

この違和感を捨てて、山梨に帰らなきゃいけないのか。

もう少し、あともう少しだけやってみたい……。

そんなふうに願ったとき、ハッと閃きました。

「あれ、今まで二酸化炭素と水素とアルミホイルを使っていたけど、

水素だと気体でスカスカしているから反応しにくいかも。

水素じゃなくても水素の原子を含む物だったら上手くいきそうだよなぁ。

そしたら、液体の“水”に変えたら上手くいくんじゃない？」

それから手が止まりませんでした。

一目散に実験の準備をして、

小さな金属製の容器にアルミホイルとほんの一滴の水を入れます。

そして二酸化炭素も入れて蓋をして、機械でシェイク。すると……、

ピコーン！

パソコン画面に現れる一筋のピーク。

（で、で、で、できた……!?）

（分析、機械、の、グラフ、に、ピーク、が、立、っ、た！！！！）

一瞬、静まり返る研究室。

そして遅れて、

「わーーーーーーっ」

部屋中に歓声が溢れ、僕もみんなも席から飛び上がって躍り上がり、

地面を踏み鳴らし、喜び、少し泣き、そして叫びました。

「ピークが立つ」というのは、

分析機械のグラフに「メタンができた」という証拠が現れたということ。

そう、まさにアルプスの少女ハイジの

「立った！……クララが立った！！」ばりの衝撃です。

ピークが立った。

100年間誰も見つけられなかった反応を、世界で初めて見つけてしまった。

それも、空気を油田に変えてしまうような方法を。

空気からエネルギーを生み出してしまうという

信じられない夢物語が現実に起きてしまった僕は、

さらに研究にのめり込むようになりました。

空からガソリンを作る「そらりん計画」

空気から天然ガスのメタンを作れてすごく嬉しかったのですが、メタンは気体。

ガスなので、貯めておくのがちょっと大変です。

そこでメタンよりも貯めるのが簡単な液体燃料、

つまりガソリンの代わりになるものを作ることに決めました。

それが、空からガソリンの代わりになる燃料を作る「そらりん計画」。

実はもうこれ、ほとんど現実になっています。

2020年12月には、千葉県野田市にCRRA新東京サイエンスファクトリーという

新しい工場が完成して、そらりんを作る準備が整いました。

仕組みを説明しましょう！

ひやっしーで集めた二酸化炭素は、アルカリの薬品の中に溶け込んでいます。

その薬品の中にスピルリナという藻を入れると、

溶け込んでいる二酸化炭素をパクパクと食べてくれて、

光合成で糖分に変えてくれます。

その糖分を、イースト菌などの酵母と一緒に発酵させると

エタノールができるんです（お酒を作る方法と同じ！）。

このエタノールは、ロケットやF１レーシングカーの燃料なんかになったりします。

そこにさらにお家の台所や学校の学食、
会社の社食とかから出る廃油（天ぷら油でも、オリーブオイルでも、
どんな油でもOK！）を一緒に混ぜてちょっとかき混ぜるだけで、
一瞬で軽油の代わりになる燃料ができちゃいます。
正確にいうと軽油そのものではないのですが、
法律的にも軽油の代わりとして使うのが認められている立派な燃料です。
なので、大きめの乗用車やトラックに入れて公道を走らせることもできますし、
船やディーゼル機関車にも、物によっては飛行機にも使えるんです！

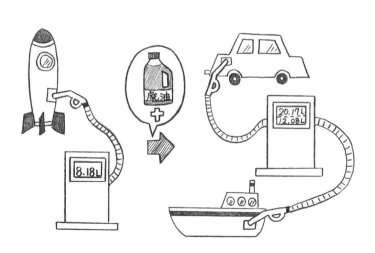

つまり……陸、海、空、宇宙すべての乗り物を
空から作った**そらりん**で動かせるようになる、ということ！
2030年までに全ての乗り物を、例えば電気で動く物に変えたり
水素で動く物に変えるなんて到底、間に合いませんが、
そらりん計画ならすでに世の中にある乗り物や設備を変えることなく、
今すぐ世界中の乗り物から出る二酸化炭素をゼロにすることができてしまうんです。
そらりんを使うともちろん二酸化炭素は出ますが、
それは元々、空気中にあった二酸化炭素なので、
トータルで見るとプラスマイナスゼロ、というわけです。

そらりん計画で
陸、海、空、宇宙を制覇！？

元々、乗り物が大好きな僕。

全ての乗り物がそらりんで動かせるとなれば、

これはもう試してみるしかありません。

僕は陸、海、空、宇宙すべての乗り物の免許を取ることにしました

（宇宙に免許はないけれど）。

CRRAでは早いうちから陸海空宇宙それぞれの部署を立ち上げています。

まずは陸の研究をする部署、「新都市交通局（NUTS）」。

略称は"ナッツ"と読みます。何だか美味しそう。

まずはそらりんができたら、

NUTSのディーゼルで動く貨物車とかを僕が運転して、

空から作ったガソリンで車が走る、なんてデモをやってみたいと思っています

（免許は高校3年生のときに学校裏の教習所にこっそり通って取っているので、

もちろん運転できます！笑）。

ここで今、始めようとしているのが「そらりん急便」。

そらりんで走る、二酸化炭素を全く出さない宅配便です。

ディーゼル車など、ちょっと大きめの車で宅配便を始めるには

一般貨物自動車運送事業という許可を取る必要があってかなり大変なのですが、

CRRAには法律のプロもいます。

思いついたアイデアはすぐに実行！の精神で、

法律の壁も頑張って超えてみるつもりです。

もし「そらりん急便」ができたら、ひやっしーのカートリッジも

NUTSのトラックで皆さんのお家にお届けすることができます。

今は普通の宅配便を使っているけれど、これからは全く二酸化炭素を出さずに

ひやっしーを使うことができる、そんな計画です。

次に、海の研究をする部署、「海上運輸開発局（MU４）」。

略称は"ミューフォー"。

何だかかっこいい響きです（自画自賛）。

ここでは、僕は船をそらりんで動かしてみるつもりです。

実は僕らは「海洋研究船・第五金海丸」という、

全長13m、重さ５トンの大きな船を持っています。

そうです、マイカーならぬ「マイシップ」。

マイシップっ……一体どうやって!?と思ったそこのあなた、

お値段が気になりますよね。

それではこの本の読者の方には特別にお教えしましょう。

価格は何と………

０円！！！

はい、ほんとのほんとに０円です。

無料。フリー。ご自由にお持ちくださいの、あの０円。

信じられないような話ですが、僕は０円でこの船を買いました。

一体どういうこと？って思った皆さん、ことのあらましはこんな感じです。

大学2年生の夏、僕は1級小型船舶操縦士という船の操縦免許を取りました
（船の免許って、たったの2日で取れるんです！
勉強は自動車より難しいけれど……）。
免許証が家に届いてたっぷり1日はニンマリした後、
「船、欲しいなぁ……」と思った僕。
でも船なんて何億円もするだろうし、到底買えるはずもない。やっぱりダメか……。
そう諦めかけたとき、ふと大学のオンライン授業中に
僕のスマホが呼んでいるような気がしました。
ホーム画面を見ると、一度も開いたことのないフリマアプリ「ジモティー」が
（開いて、開いて！）と小声で呼んでいるような気がします。
例の頭の中の虫も、「コレハ開イタホウガ良イヨ、カズミ」と言ってくる。
今、授業中なのに……と思いましたが、2人の声を無視するわけにもいかず、
しぶしぶジモティーを開いてみました。すると、新着投稿に
《船　0円》
の文字。ゼ、ゼロ円⁉　一瞬、見間違いかと目を疑いましたが、
そこには鮮やかなブルーの塗装がよく映える、大きなかっこいい船の姿が。
思いついたアイデアはすぐに実行、僕は即問い合わせてみました。
すると、新潟にあるとのこと。

もしかするとガラクタかもしれないし、冗談かもしれない。

あったとしても、０円なんだし、動かない鉄の塊かもしれないな。

そんな考えもよぎりましたが、そのときにはすでに新幹線に飛び乗っていました。

そして新潟に到着。

さんさんと降り注ぐ夏の太陽の下、そこにあったのは……

港の入り口からでもよく分かる、堂々と横たわる第五金海丸の姿でした。

漁協の人の話を聞くと、どうやらこの船、タダ者ではないらしい。

常に漁獲量No.1の伝説の船で、そこにはたったひとりで

「伝説のおじいちゃん」が乗って甘鯛などの漁をしていたそうです。

海辺の街のシンボル的な船でした。

しかし2019年にそのおじいちゃんが亡くなってしまい、

ご家族にはほかに船に乗る人はいなかったため、

漁協と相談してジモティーに出品したとのことでした。

かれこれ２年近く陸に揚げられてかなり錆びている状態でしたが、

まだまだ現役の船。船にも車検みたいなものがあるのですが、

何と５年も残っていました。

第五金海丸のブルーが、まさにドンピシャで僕の大好きな色で
（僕は水色が好きなのですが、青緑というか、少し深い鮮やかな水色の中に
エメラルドグリーンの要素が混ざっているような、
何とも言えない絶妙な海のブルーがいちばん好きなんです……
細かくてごめんなさい！笑）、ひと目惚れでした。
今は船底にビッシリと貝の化石みたいなものがつき、
少し傾いて固まっているこの船をもう一度この手で動かしてみたい。
空から作った燃料だけで、誰も試したことがない大冒険に乗り出したい。
そう思った僕は一生懸命、地元の漁協やご家族の方に研究のことを
プレゼンしました。そしたらひと言、**「感動した！」**と言っていただけて、
次の瞬間には「ぜひもらってください」。
地元の方々のご厚意で本当に無料で船をいただくことになりました。

この本を書いている今は、

週末に日帰り片道5〜6時間かけて新潟に通い詰めています。

ボロボロの船をピカピカに磨き上げ、夜を徹して鮮やかなブルーのペンキを塗って、

もはや新品の船と言っても分からないぐらいになりました。

何ということでしょう。

（チャララーン、チャーラーラララーン）匠の技によって、スクラップ寸前の船が、

出来立てホヤホヤの45年前の姿に戻りました。

"劇的ビフォーアフター"もビックリのクオリティです。

僕は今、2021年の7月末に新潟から日本半周の大冒険に出るつもりです。

津軽海峡を通って太平洋に出て、はるばる千葉の港まで第五金海丸で旅する計画。

そして千葉の港で、いよいよ「そらりん」で船を動かす予定です。

もう、ワクワクが止まりません。

陸、海ときたら次は空。

これは「航空宇宙局（Ｓ２）」が担当部署です。

実は僕、パイロットの訓練も大学１年生のときから進めています。

これで飛行機の操縦免許も取得できたら、いよいよ陸海空の免許を制覇です！

今、僕は、2025年に「ウィンドオーシャン航空（WOA）」という航空会社を

作ろうとしています。

ウィンドにオーシャン、風、海、あれ、風海（かずみ）？

と気づいたそこのあなた、鋭いですねぇ。

はい、とっても短絡的な名前ですが、

小学４年生のころ（当時、僕の将来の夢は旅客機のパイロットでした）、

2045年に45歳で大手航空会社を引退して、

南の島を結ぶ航空会社を作ろうと思って計画していた名前そのものです。

そんな小さいころに抱いた「航空会社を作る」という夢ですが、

僕はあと４年で実現するつもりです。一体どう作るんでしょう？

航空会社の作り方、みたいな本があればいいのですが……。

僕が作ろうと思っているのは、

大きなジェット機を飛ばす航空会社ではありません。

考えているのは、名付けて「スカイタクシー計画」。飛行機版のUberです。

前述したように僕の出身は山梨県。

例えば山梨から福岡に格安航空会社(LCC)で行くとき、こんなことが起きます。

朝3時ぐらいに目覚ましに叩き起こされ、這いつくばりながら身支度。

車に乗り、4〜5時間かけて成田空港に向かいます。

そしてやっとの思いで飛行機に乗り、離陸。

15分ぐらい経ったかなというところ、フラフラの頭で窓の外を見ると……

「左手をご覧ください、今日は富士山がよく見えております」。

な、何たることじゃ……ワシは5時間もかけて成田まで来たのに、

たったの15分で山梨県に戻ってきただとぉ!?

こんなふうに悔しい思いをしたことが、それはもうたくさんあります。

関東圏の人だったら誰でもこんな思いをしたことがあるはず。

ほかの地方は分かりませんが、おそらく似たようなことがあるはずです。

それを解決するのが、このスカイタクシー計画。

仕組みは簡単です。

アプリを開いて、例えば目的地を「成田国際空港」にセットします。

しばらくすると新都市交通局（NUTS）の自動運転車が家の前に現れて、

乗ると近くの河川敷の飛行場まで連れて行ってくれます（実は関東には、

河川敷にあるあまり使われていない飛行場が何十個もあったりします）。

そして、そこには航空宇宙局（S2）の4～6人乗りの小さな飛行機が待ち構えていて、

目的地までひとっ飛び！

車だと例えば3時間かかる道のりでも、

スカイタクシーだと30分くらいで連れて行ってくれます。あっという間に到着です。

値段が物凄くかかりそう……そんな声が聞こえてきそうですが、

そらりん計画ならできちゃいます。

今、飛行機のチケット代が高い理由って、実はほぼ燃料代なんです。

でも、そらりん計画では空からガソリンを作れるので(しかも原材料はタダ)、

圧倒的に安く飛行機を飛ばせます。

おまけに二酸化炭素の排出量がそらりんを使うことで

プラスマイナスゼロになるので、

全く二酸化炭素を出さずに移動できることになるんです。

誰もが自由に、空を飛べる世界。

そんな世界も、二酸化炭素の研究から実現できます。

そして最後に宇宙。これは同じ航空宇宙局(S2)で研究していますが、

詳しくは次章で解説しましょう。

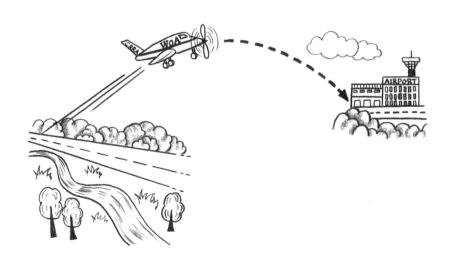

第5章

「地球を守り、火星を拓く」鍵は
今や手のひらの中に

Protect Earth, Pioneer Mars:
You hold the key.

成層圏探査機もくもくで
宇宙の入り口へ！

ひやっしーで二酸化炭素を集め、

そらりん計画でこの世界の金属以外の全てのものを

二酸化炭素から作れるようになったら……。

いよいよ地球を守る準備は整^{ととの}いました。あとは「火星を拓^{ひら}く」だけです。

あなたが地球人から火星人へと進化するには、

どうすればいいでしょう？

まず僕は、2023年までに
「誰もが日帰りで宇宙の入り口を旅する」世界を作ろうと思っています。

その名も「**成層圏探査機もくもく計画**」です。

さぁ、またやって参りましたゆるい名前シリーズ。

脱力系のネーミングにすっかり慣れた皆さん、そうです、

これも「中身は最先端、見た目はゆるふわ」。

何をしようとしているかというと、

映画『カールじいさんの空飛ぶ家』をそっくりそのまま再現する、

という最高にマッドでニヤニヤの止まらない計画なんです。

はい、あのおじいさんが風船で家まるごと空を飛ぶ話です。

でもこれ、決してSFの世界の話ではないんです！

風船で空に物（カメラとか）を飛ばす技術は「スペースバルーン」といって、

その名の通り宇宙の写真を撮ってくることができます。

正確に言うと、宇宙の定義は「カーマンライン」という

高度100km以上の空間なのですが、バルーンで飛ぶのは成層圏の真ん中あたり、

高度30〜35kmぐらいまでです。

でも、そこでも飛行機が飛ぶ3倍ぐらいの高さなので空気の99％はない上、

青い地球に真っ暗な宇宙……と

僕らの目には宇宙と見分けのつかない景色が広がっています。

なので僕はこの高さのことを「宇宙の入り口」と呼んでいます。

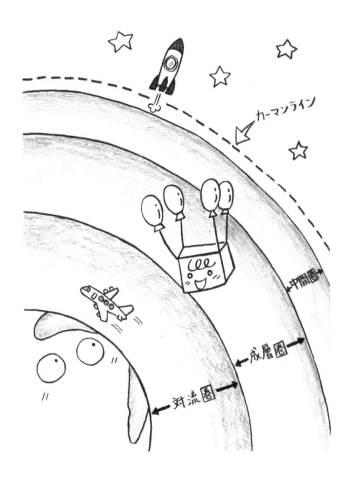

カーマンライン

中間圏

成層圏

対流圏

そしてこのスペースバルーン、

誰でも手軽に宇宙の写真や映像を撮れるので

結構前から流行っているのですが、大きな問題があります。

それは、

- 風船で、ふわふわと空へ上っていく。

- 上に行けば行くほど、山の上に持って行ったポテチの袋が
  パンパンに膨らむように、風船もどんどん膨らんで、
  宇宙の入り口の高度に着くとすぐ破裂！

- パラシュートで急降下！
  だけど宇宙の入り口は空気がほとんどないので、
  凄い速さで落ちることに。

こんなわけなので、カメラは大丈夫だとしても、

人を乗っけるとなると鳥肌が立つような方法です。

もしパラシュートが開かなかったら音速で地表に墜落する羽目になりますし、

そもそも宇宙の入り口には短い時間しか滞在することができません。

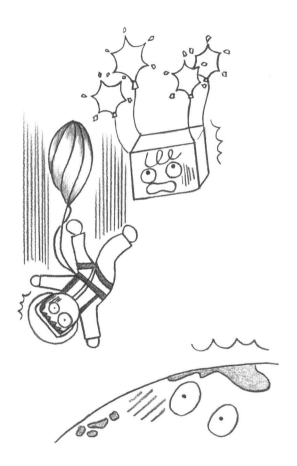

でも**成層圏探査機もくもく**シリーズは違うんです。

- 最初からいくつか風船がついていて上昇していく。

- 宇宙の入り口に着いたら、そのうちの何個かの風船を切り離して、
  釣り合いを保ってずっとそこにいる。

- 降りたくなったらもう少し風船を切り離して、
  残りの風船でゆっくりふわふわと降りてくる。

こんな方法です！
これなら凄い速度で落ちてくることもないし、
ロケットとは違いスキー場のゴンドラみたいなものに腰掛けるだけで
ふわふわと昇っていけるので、訓練いらずで誰でも宇宙の入り口に行けちゃいます。
高齢者の方も、小さな子どもも、障がいのある方でも、老若男女誰でもです。
最近では風船をたくさんつける代わりに、
最初からひとつの風船だけで
中のヘリウムガスの量を調整しながら飛ぶような仕組みも考えています。

風船で空に舞った人は実は今までに何人もいます。

ただし、もくもく計画とは違って

スペースバルーンと同じような危ない方法で飛んでいるので、

ゾクゾクするような挑戦です。はじまりは1960年代の米国空軍のパイロット、

最近では2012年にエナジードリンクメーカーのレッドブルがスポンサーで

オーストリアの冒険家の人が飛んでいたり、

日本人でも「風船おじさん」という人がいました

（その人は太平洋上で失踪して大騒ぎになったそうですが……）。

しかし、僕はこの「宇宙の入り口」を、

一部の命知らずの冒険家のものにはしたくありません。

史上最高の、人生観がひっくり返ってしまうような素晴らしい眺めを、

誰もが週末に体験できる世界にしたい。

そこで、僕は決めました！

2023年、「宇宙の入り口ツアー」を募集しまーす！

なんてゆるいノリなんでしょう。

近所の町工場に工場見学に行きまーす、みたいなノリで言ってしまいました

（こうして宣言することで僕はいつも後戻りできなくなり、

何だかんだやる羽目になります。あーあ！）。

でも心配いりません。

すでに、もくもく1号機、2号機は打ち上げました！

1号機はたったの100mぐらい水平に飛んで川岸の木に引っかかって終了、

という悲しい結果でしたが、

2号機は見事打ち上げに成功しました！

2つとも小さな段ボール箱サイズですが、重要な一歩です。

そして、この本が出ている2021年9月には、

おそらくもくもく3号機と4号機が打ち上がっているでしょう。

3号機では、僕の体重と同じ重さの「くまちゃんのぬいぐるみ」的なものが飛び、

4号機では……そうです、いよいよ僕が行ってきます！

えーと、この本が出版されたころ、僕は無事ですかね……？

いやいや、絶対必ず帰ってきます。何としても帰ってきます。

I'll be back。

万が一不時着したとしても、CRRAには陸海空すべての部隊が揃っています。

陸上は新都市交通局（NUTS）、海は海上運輸開発局（MU4）、

空からは航空宇宙局（S2）が僕を捜索してくれるはずです。

特に海に着水するときは、

CRRAの海洋研究船・第五金海丸という大きな船が待機している予定。

宇宙の入り口から帰ってきた僕が、

金海丸の甲板の上にスタって着地することになるかもしれません。

そしたら映画化決定ですね！ やったー！（笑）

決して冗談で言っているわけではなく、僕は本気で行くつもりです。

すでに宇宙服もゲットしました。正式名称「VKK 6 高高度与圧服」。

宇宙服っていうと、白いモコモコした服を思い浮かべる人が多いはず。

これ、大体11億円もします。

あとは、スペースシャトルの乗組員やソユーズ宇宙船の乗組員が着ているような

ちょっと薄めの、ヘルメット付きの服。

これは与圧服と言って、それでも300万円ぐらいします。

さて、僕はいくらで宇宙服を買ったでしょうか？

答えは、何と……11万円！！！

はい、11億円ではなく、11万円です。詐欺に遭ったわけでもおもちゃでもなく、

れっきとしたソ連空軍製の宇宙服。

え、一体何で？ そんな声が聞こえてきそうですが……早い話、

バーゲンセールの掘り出し物なのです。

このVKK 6 高高度与圧服という服は、

1970年代に当時のソ連空軍で使われていた服でした。

ミグ25という成層圏を飛べる戦闘機のパイロットが着ていた服で、

この戦闘機は存在自体が当時は完全に極秘の 幻 の戦闘機。

選ばれし者だけが着ることを許された伝説の服です。

それが、

付属品のヘルメットと一緒にソ連の倉庫に保管されていたみたいなのですが、

1着だけどういうわけかカナダの人の手に渡り、

それがたまたま海外版の"メルカリ"のようなサイトで売りに出されていたのでした。

そして届いた宇宙服。

着てみたら、何とサイズが測ったようにピッタリ！

これはもはや奇跡です。しかも本物であるという証明書と出品者のサイン付き。

そして気密チェックをしてみたところ、やっぱり本物！

ちゃんと宇宙服として機能します。

極秘の服だっただけに調べても情報は少ないですが、

どうやらこの服で高度35kmまでは耐えられるようです。

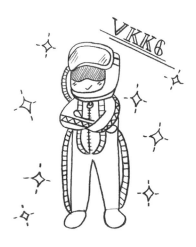

そんなこんなで宇宙服も手に入れた僕は、もくもく4号機で日本初、

いえ、情報の限り東洋人では初めて、

有人成層圏飛行に挑んでこようと思っています。

そして2022年には、宇宙飛行士とパイロットの間、
「成層圏飛行士」という職業をCRRAで作って募集するかもしれません。
未だ長く滞在した者はいない成層圏の世界、
そんな未知のフロンティアを切り拓く職業を世界で初めて作って、
NASAやJAXAを超える研究機関にしていきたいと思っています。
そして2023年。
２人乗りの「もくもく」で、ひとりは成層圏飛行士、
もうひとりは乗客というスタイルで有人成層圏旅行を実現させようと思っています。

肝心のチケット代は、
海外で同じようなことを目指している会社は軒並み1000万円越え。
でもCRRAでは、まず最初に１人100万円でチケットを販売するつもりです！
最終的に2025年ごろには１人30万円まで落とそうと思っています。
すでに驚くほど低コストで行ける仕組みを発明しているので、
こんな価格にしています。

そして「週末はハワイ？ それとも宇宙？」なーんて言えるような、
誰もが海外旅行並みの値段で気軽に成層圏に日帰り旅行できるような
未来を作っていくつもりです。

よく、宇宙飛行士が青い地球を眺めたら環境問題への考え方が変わった、
なんて言いますが、地球上のみんなが気軽に宇宙からこの青い惑星を見下ろせば、
温暖化への考え方も変わるはず。
そう信じて地球を守る研究をする僕たちだからこそ、
宇宙に行くための研究も同じぐらい頑張っているんです。

そらりん計画で
火星がガソリンスタンドに！

さて、宇宙の入り口まで行けたところで、

火星人への第一歩は成功です！

もう少し足を伸ばして「カーマンライン」の100kmを越えるのも、

おそらく時間の問題でしょう。

成層圏に基地が作れれば、

そこからロケットを打ち上げたりするのは、地表に比べて空気が薄いので

大分楽です。

ではいよいよ、火星人になるための準備を進めるとしましょう。

人類が本気を出せば(イーロン・マスクとかが本気を出せば)

もう火星には行けるはずです。

おそらく、行けはするんです。

でも……、一生帰れません! 実は恐怖の「片道切符」。

火星まではロケットで片道半年〜9か月もかかります。

なので行けはするのですが、

帰りの分の燃料までもたないので火星に着いたら人生終了。怖すぎます。

火星にはもちろん油田も資源もなーんもないので、

どうしようもないのですが……。

ここで、あの「ひやっしー」と「そらりん計画」が大活躍。

先述したように火星の空気の95%は二酸化炭素で覆われています。

その二酸化炭素をひやっしーで集めてきて、そらりん計画で燃料に変えてしまえば、

帰りの分のロケットの燃料が作れるんです!!

つまり、火星にガソリンスタンドが作れます。

そうすれば、火星に行って帰って来ることができる。

ほら、一気に火星人への道のりが見えてきました!

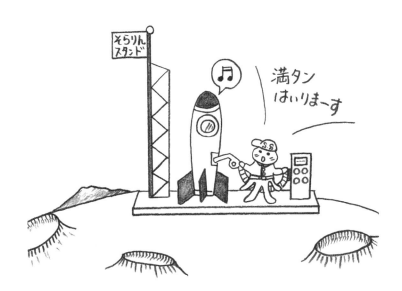

しかも、そらりん計画で石油の代わりになるものを作れるということは……。

今、石油製品と呼ばれてるもの全部、僕が着ている白衣も、

今、この本を書きながら飲んでいるペットボトルも、

そこら辺にあるプラスチックも、全部、二酸化炭素から作ることができます。

究極を言えば、

この世界の金属以外の全てのものは二酸化炭素から作れちゃうんです。

たとえば、お肉を燃やせば二酸化炭素が出ますよね。

ってことは、二酸化炭素の炭素原子をプチプチと繋ぎ合わせれば、

またお肉が作れるのでは……!?

つまり、そらりん計画では身の回りの衣食住すべてのものを、

地球だけではなく、火星の空気からも作ることができるんです。

例えば、衣食住の「衣」。

服は、化学繊維であれば石油から作れてしまうので、

そらりんからも作ることができます。

そして「食」。

お肉までは作れなかったとしても、もしかするとその手前、

アミノ酸のドロドロのスープみたいな、

火星人の皆さん専用の流動食的なものは作れるかもしれません。

ちょっと贅沢はできないですが、空腹で困ることはありません。

最後に「住」。

プラスチックなどは石油から作られるので、

そらりんから作った強化プラスチック建材で建物が建てられるかもしれません。

こんな感じで、いよいよ火星に住む準備が整いました。

どうでしょう、ワクワクしてきませんか？

今まで地球温暖化というと「絶望だ」とか、

「我慢しなきゃいけない」というネガティブなイメージがあったと思いますが、

地球を守ることは、そっくりそのまま火星に住むことにも繋がっているんです！

僕らは地球を守りながら、実は宇宙への船出の準備もしている。

そう考えたら、なんだか温暖化の問題もワクワクしてきませんか？

「やった！　二酸化炭素だ！」
CO₂が塗り替える未来の風景

二酸化炭素って「敵」だとか「ゴミ」と思われていて、

何だか悪いやつのように扱われがちです。

でも、二酸化炭素って本当はすごく良い子なんです。

そらりん計画のように、

二酸化炭素からこの世界の金属以外のもの全てを作ることができます。

つまり、二酸化炭素は全ての 源 、

可能性の 塊 なんです！

ただ、それ以前にそもそも二酸化炭素を集める人が報われる社会を作りたい。

そう思った僕は、とある構想を進めています。

それは、「二酸化炭素経済圏」。

そもそもまずCRRAでは、ひやっしーマイルという仕組みを提供しています。

これは、ひやっしーを使っている人には航空会社のマイレージカードのような

「ひやっしーマイル」のカードが渡され、

集めた二酸化炭素の量に応じて交通系電子マネーとして使えるマイルが貯まる、

というもの。

グレードはエコノミー、エグゼクティブ、ファースト、ゴールドの４種類で、

航空会社みたいな感じです。

例えばエコノミーなら二酸化炭素１gで0.5マイル貯まる……みたいな感じで、

二酸化炭素をたくさん集めた人がたくさん電車やバスに乗ったり、

コンビニでおにぎりを買ったりできるような仕組みになっています。

これのさらに発展版が二酸化炭素経済圏。

例えば、

あなたは今コンビニにいて、天然水のペットボトルを100円で買うとします。

これを、近未来の世界では100円と、

このペットボトルを運ぶのにかかったエネルギーや、

ペットボトルを作るのにかかったエネルギー分に相当する

「二酸化炭素マイル」10マイルを一緒に払わないと買えませんよ、

って感じになるんです。

そうすると、

今まではお金をたくさん持っていた人がたくさん物を買える世の中でしたが、

今度から

「二酸化炭素を集めた人ほどたくさん物が買える」世の中

になります。

そして、この二酸化炭素マイルは絶対にお金とは交換しません。

お金と交換できるとなった瞬間に、

価値はお金レベルまで下がってしまうと思っているからです。

お金で二酸化炭素マイルは絶対に買えず、

自分で集めた分しか二酸化炭素マイルは貯まりません。

しかし、ほかのトークン（代用貨幣）、

例えば「教育を受ける機会を得られるトークン」や

「医療サービスを受けられるトークン」などと交換できるようにすれば、

僕らの生活や文化をもっともっと良くすることができるはずです。

二酸化炭素マイル自体は、ひやっしーで集めるのでもよし、

植林してもよし、電気を削減して二酸化炭素を減らすでもよし、です！

直接、二酸化炭素を減らした人にマイルが貯まります。

そんな二酸化炭素マイルで支払いができる仕組みを

環境への意識が高いお店などから導入してもらい、

世界中に広げようと思っています。

誰が集めたのか、などの追跡は

仮想通貨やブロックチェーンと呼ばれる仕組みを使うと

ちゃんとズルができない仕組みができるので、

今、その専門家の方などと一緒に二酸化炭素マイルを作っているところです。

こんな未来が訪れたら、二酸化炭素が新たな価値になるので、

もう第何次ゴールドラッシュだ、みたいな感じで、

みんな目の色を変えて空気中から二酸化炭素を集めてくるようになるはずです。

ゴミだと思われていた二酸化炭素を集めることが、ワクワクする宝探しに変身する。

そんな二酸化炭素経済圏の仕組みを、

今、日本の政府や海外の政府とお話をして、

地球全体で導入するべく議論を進めています。

Column

「地球を守り、火星を拓く」ために。
今、この瞬間から、
あなたができることクイズ！

これまで、「地球を守るための行動が火星開拓にも繋がっちゃう！」というワクワクする話をお伝えしてきました。

「地球温暖化」や「エコ」というと何だか「我慢しなければならない」とか、「もう絶望だ、どうしようもない」というネガティブなイメージがついて回りがち。けれど、実は温暖化を止める研究はそっくりそのまま火星移住実現のための技術なんだということを、少しでも感じていただけたらすごく嬉しいです。

この本ではスケールの大きな研究の話をしてきましたが、僕たちひとりひとりが今すぐ実行できることもたくさんあるんです。このコラムではクイズ形式で、これを読んだ次の瞬間から取り組めることをご紹介します。

エコバッグって、
レジ袋を何回断ればエコなの?問題

レジ袋有料化に伴って、利用する人も多くなったエコバッグ。この本を読んでくださっている皆さんも、持っている人は多いのではないでしょうか?

エコバッグは繰り返し使えます。とっても丈夫です。なので、薄っぺらいレジ袋1枚を作るのと、エコバッグを1枚作るのでは、作るのにかかるエネルギーは当然エコバッグの方がかかるんです。つまり、エコバッグを作るにはレジ袋何枚か分のエネルギーがかかっていて、その分、二酸化炭素も多めに出ています。エコバッグを使って本当に「エコ」になるには、最低でも何回かのお買い物でレジ袋を断らなければならないわけです。

そこで問題です。

Q1 レジ袋を何回断れば、
エコバッグは本当の「エコ」バッグに
なるでしょうか?

①30回　②60回　③300回　④600回

制限時間は15秒です。

チク、タク、チク、タク……(時計のつもりです。笑)。

答えは!

ドゥルルルルルル……ジャーン！！！（ドラムロールの音）

A. ④600回

でした！　びっくりですよね。

つまり、毎日お買い物に行ったとしても最低2年間は同じエコバッグを使い続けないと、エコにはならないんです。

なので、エコバッグの無料配布なんて実は恐ろしい話で、「無料だ、やったー！」と思ってたくさんもらっていると、レジ袋を断り続けなくてはならない年月が2年、4年……と加算されているということです。エコバッグを10個持っていたら20年。何ということでしょう……（怖）。

そこで、僕がオススメする方法は2つ。

ひとつは、エコバッグを2年以上使い続けること。もしくはエコバッグを使わず、元々持っている自分のカバンやリュックにそのまま商品を入れること。

そして2つめは、あえてレジ袋を買うことです。薄っぺらいレジ袋と言っても何回かは繰り返し使えます。そこで、同じレジ袋を3〜4回買い物で使い、最後はゴミ袋として使ってあげるんです。そうすることで、トータルで半分かそれ以上の二酸化炭素を削減することができます。

レジ袋を何回か買い物で使い回す。今日からできること、ひとつめでした！

マイ箸と割り箸、エコなのはどっち!?問題

さーて、お次はマイ箸のお話です。

エコバッグと同じくマイ箸も随分前から流行っていますが、これも意外なお話があります。

……と、言ってしまうと何だかもうお察しかもしれませんが、ここで問題です。

Q2 マイ箸と割り箸、
どっちがエコでしょうか?

制限時間は30秒です。

チク、タク、チク、タク……。

答えは！

ドゥルルルルルル……ジャーン！！！

A.「状況によりけり」

完全に空気を読んで「割り箸」と答えた皆さん、ごめんなさい！(笑)

もしくはマイ箸と答えたあなた、こちらも不正解です。

実はマイ箸と割り箸では、状況によってエコな選択肢が変わってきます。

食べ終わったマイ箸を、水で洗うとき

エコなのは……「マイ箸」です！ ですが……。

食べ終わったマイ箸を、お湯で洗うとき

エコなのは……実は「割り箸」なんです！ 割り箸は使い捨てですが、マイ箸は洗う必要があります。この洗うのをお湯でやってしまうと、お湯を沸かすのにかなりのエネルギーがかかってしまうので、トータルで見ると割り箸の方がエコなことになります。割り箸が燃やされることを考えても、です。

食べ終わったマイ箸を、洗剤を使って洗うとき

こちらも……「割り箸」です！ 洗剤を使った水は、浄水場でキレイにするのがすごく大変で、実はかなりエネルギーがかかってしまいます。なのでお湯の場合と同じ結果となりました。

こんなふうに、マイ箸と割り箸をとっても、使い方次第では割り箸の方がエコになる結果となってしまいます。なので、箸そのものではなく、全体的に見て「本当にエコなのかな？」と考えることが大切です。

エコな車は一体どれ!?問題

では最後に車の問題です。僕たちの生活に欠かせない自動車。ガソリン車以外にも、電気自動車、水素自動車など多くの種類のものを見かけるようになりました。ここで問題です。

Q3 現在の日本では、どの自動車がいちばん二酸化炭素を出さず、エコでしょうか？

①ガソリン車　②電気自動車　③水素自動車

制限時間は20秒です。

チク、タク、チク、タク……。

答えは！

ドゥルルルルルル……ジャーン！！！

A. ①ガソリン車です！

え、まさか!? そんな声が聞こえてきそうですが……。日本に限って言えば、電気自動車や水素自動車よりもガソリン車の方がエコなんです。悲しいですが……。

その理由をご説明しましょう。

まず、電気自動車。電気自動車そのものからは二酸化炭素は出ませんが、電気はどこから来るでしょうか？ そうです、日本は火力発電が多いので、二酸化炭素をたくさん出して作った電気を使っています。さらに、車に搭載されているリチウムイオンバッテリーを作るのに物凄いエネルギーがかかり（特にリチウムを鉱山から採掘してくるのにかなりのエネルギーがかかります）、トータルで考えると車を買ってから廃車にするまで、何万km走ったとしても、ガソリン車よりも二酸化炭素を出してしまうと言われています。

では、水素自動車はどうでしょう？ これも車そのものからは二酸化炭素は出ないのですが、使う水素が問題なんです。水素って、水を電気分解して作っていると思いがちなのですが（確かにその方法もありますが）、今、日本で使っている水素のほとんどは、アメリカやカナダの油田で採れるものを分解して作る方法です。油田で採れるものを分解すると二酸化炭素と水素が出てきます。こうして二酸化炭素を空気中に漏らしながら作った水素を、さらにはるばる日本まで船で運んでくるんです。この船からも二酸化炭素がたくさん出ているので、トータルで見るとやっぱりガソリン車より二酸化炭素をたくさん出してしまっているわけです。

つまり、悲しいことに、日本では今、ガソリン車がいちばんマシということになります。

これを変えるためには、そもそもの発電を変えるしかありません。でも、2030年までに間に合うかどうかは怪しい。

そこで、すでにあるガソリン車（正確にいうとガソリンではなく、軽油で動くディーゼル車）のガソリンを、「空から作ったそらりん燃料」に置き換えることが、いちばんの温暖化解決になるんです。

いかがでしたでしょうか？　驚きの結果だったと思うのですが、この3つのクイズを通して僕が皆さんにお伝えしたい言葉がひとつだけあります。それは、

「ライフサイクルアセスメント」

という言葉です。これは元々、産業界で使われていた言葉なのですが、「ゆりかごから墓場まで」、つまり物が生まれてから捨てられてしまうまで、全てでかかるエネルギーや二酸化炭素を考えることが本当に地球を守ることになる、ということです。

エコバッグ、マイ箸、電気自動車。一見エコそうな言葉だけを鵜呑みにせず、鳥のような広い視点で見たときに、「本当に二酸化炭素、出してない？」と考えること。この考え方をするだけで、皆さんも今日から今すぐに地球を守り、火星を拓くことができます。

Epilogue

僕の"羅針盤"となり、
火星への道を照らし出してくれた
祖父へ

To my grandfather,
who was my compass that showed the way to Mars

エピローグをお借りして、僕はある人に伝えたいことがあります。
この本を真っ先に読んでくれている、
そして僕の人生を懸けての研究へのきっかけをくれた、大好きな僕の祖父へ。
少し個人的な話になってしまうのですが、この場をお借りして伝えさせてください。

*

大好きなじーじへ

じーじ、いつも応援してくれて、本当にありがとう。
この本を読んでくれている今、どんな気持ちですか？

この本の発売日には、実は秘密があります。
元々は2021年の末ごろに出版される予定だったんだけど、
どうしてもじーじの誕生日に間に合わせたくて頑張って書きました！
圧倒的な前倒しスケジュールで、
毎週１章を書き上げるっていうようなペースだったから
すごく大変だったけど……！(笑)

この本のイラストを描いてくれた僕の母さんと２人の合作で、
サプライズプレゼントです。
じーじ、80歳のお誕生日、本当におめでとう！

じーじが『宇宙への秘密の鍵』をくれた日から、世界が全て変わりました。
元々、新幹線の運転士や旅客機のパイロットを目指していた僕だけど、
さらにずっとずっと遠くまで行きたいって思うようになったんだ。

いつか火星の青い夕陽を見た最初の人間になるんだ。

そんな夢は気がついたら確信になり、
今はもうすぐ手が届きそうなところまで来ています。
僕が火星人になるその日まで、ずっとずっと元気でいてね！

じーじは、僕の自慢の、そして大好きなおじいちゃんです。
工作が得意で、いたずら好きで、絵も上手くて、そして船が好き。
そんなじーじに気がついたらそっくりになってしまって、僕はいたずら好きだし、
絵は割と得意だし、船や海が大好きで、
今では日本半周の大航海に乗り出そうとしています
（工作する手先は器用じゃないけど……笑）。

じーじは戦争を生き抜き、船に乗り海を駆け巡り、
会社にも勤め、そしてゼロから自分の事業も成し遂げた。
常に逆境の連続だったと思うけれど、
楽しそうに笑って語るじーじの姿は僕の永遠の憧れです。

じーじの生まれた1941年、そして現在2021年。

2つの時代は全く違うけれど、第二次世界大戦と地球温暖化。

地球全部を覆い尽くす絶望的な状況を、明るくポジティブに前向きに切り抜ける、

そんな考え方はずっと持ち続けたいなって思っています。

じーじに負けないぐらい、僕もこの時代を生き抜いていくから、ずっと見ててね！

今日は、お誕生日本当におめでとう。

これからもずっとずっとずーーーーっと、よろしくね！

2021.9.13. 風海より

この本を最後まで読んでくださった皆さん、本当にありがとうございました。
僕は、「いつか人類で初めてこの景色を見るんだ」と確信したその日から、
一時も火星のことが頭から離れず、
寝ても覚めてもずっと温暖化解決と火星移住のことを考えています。

ペットボトルに雑草を入れる実験が成功したときから、僕は確信しています。
人間に想像できることは何だって、成し遂げられるはず。
「できない理由を探すんじゃなくて、できる理由を探すんだ」。
そんな考え方を忘れさえしなければ、どんな大きな問題でも解決できるはずです。

僕がそう信じて行動するだけでは叶いませんが、
この本を読んだ皆さん全員が今日から思いついたアイデアを実行すれば、
必ず地球を守り、火星を拓くことができるのは明らかです。

さあ、この本を閉じて、一緒に地球から火星までの旅に出かけましょう。
大丈夫です。僕たちが今から行動に移せば、人類が火星に住むのは……

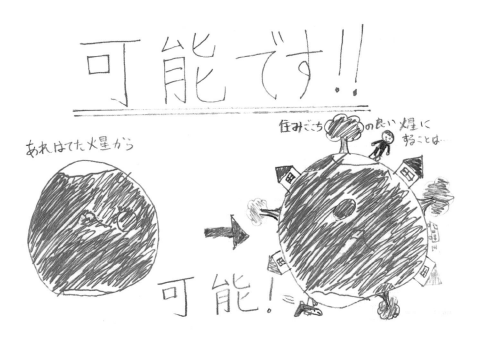

可能です!!

あれはてた火星から

住みごこちの良い火星にすることは…

可能！＝

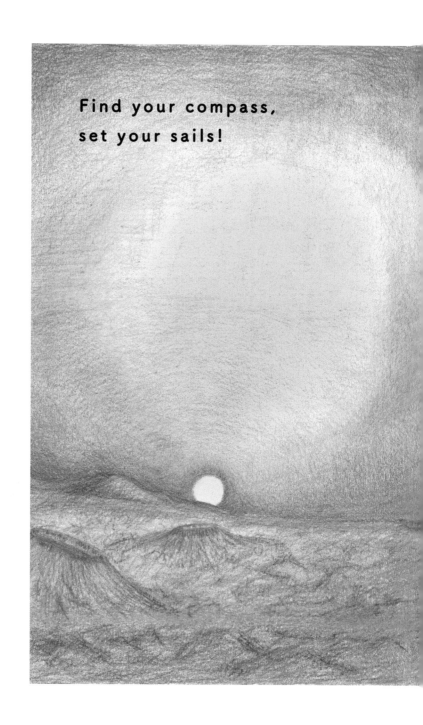

Find your compass,
set your sails!

謝辞

じーじ、いつも本当にありがとう。じーじがいなかったら、この本も、そもそも僕の研究もありませんでした。本当にありがとう。

そして、ばーば。遊びに行ったときに作ってくれる美味しいご飯に、いつも癒されているよ。研究もいつも応援してくれて、すごく励みになってるよ！ 本当にありがとう！

この本でいきなり、「イラストをお願いします！」と僕の無茶振りに応えてくれて、じーじの誕生日に間に合うように一生懸命イラストを描いてくれた母さん。描いてくれたすごく可愛い絵のお陰で、この本は僕にとっても忘れられない宝物になりました。たくさんの愛情を注いでくれて、そしてずっと研究を応援してくれて、本当にありがとう。

離れた海外で一生懸命働いて、ずっと応援し続けてくれている父さん。父さんの研究について語る姿や、外国で英語を駆使して働く姿は僕の憧れです。アウトドア好き、冒険好きになったのも父さんのお陰です。いつも研究を応援してくれて、本当にありがとう。

小さいころからたくさんの愛情を注いでくれた、僕のおじさん。昔から僕をいろんなワクワクする所に連れて行ってくれて、こんなに好奇心旺盛になりました。そして僕のおばさんも、いつも研究を応援してくれて本当にありがとう。

何よりも、僕の大好きな従妹のひなちゃん。にーにのことをいつも応援してくれて、すごく嬉しい。本当にありがとう！

火星を目指して、全力で一緒に駆け抜けてくれているCRRA研究員のみんな。特に設立初期メンバーのみんなにここで感謝の気持ちを伝えさせてください。いつも僕のいちばんの理解者でいてくれて、心の底から応援してくれている機構長補佐の西光 蓮さん、僕の高校時代の同期で、今まで僕の研究の数々のピンチを救ってくれた友達である海上運輸開発局(MU4)の名執 陸君、最高に頼りになるCRRAのお兄さん的存在で航空宇宙局(S2)の笹原隆史君、会社のムードメーカーで雰囲気を和ませてくれる、CRRA国際放送(CITV)の定方優芽さん、僕と高校時代からの付き合いで共に青春を宇宙に賭けた仲間であり後輩の、機構長広報補佐で航空宇宙局(S2)所属の菅井雄斗君、地球を守り火星を拓くという夢でぴったり一致して一緒に全力で走ってくれている、気候危機管理局(C3)と航空宇宙局(S2)兼任の加藤朋由君。ここには書ききれませんでしたが、いつも全力で冒険の旅を共にしてくれている、その他大勢のCRRAの社員・研究員のみんな、本当にありがとう。CRRA全員のアイデアと努力の結晶が、僕の誇りです。

僕の人生を変えてくれた、山梨学院大学附属小学校の当時の先生方。
小学6年の担任だった伊藤亜澄先生。先生の「Find your compass, set your sails！(君の羅針盤を見つけよ。そして帆を張り、風を受けよ)」の言葉は僕の一生の宝物です。
理科の先生で、僕が「火星を住めるようにするには」の研究を始めるきっかけになった「おや・なぜ・不思議応援プロジェクト」の授業を立ち上げられた、小林祐一先生。先生からいただいた黒い表紙のかっこいい研究ノート、ずっと大切に使っています。

社会の先生で、パソコンやプレゼンのことも教えてくださった鈴木 崇先生。先生のお陰で、僕は学校で「パワポの魔術師」と呼ばれるぐらいプレゼンが得意になり、パソコンも自分で人工知能を1から作れるぐらいに詳しくなりました。先生が大人になっても使えるスキルを楽しく教えてくださったお陰です。

ほかにも、学院小の先生方にはここでは挙げきれないほどお世話になりました。僕の人生が変わった学校です。本当にありがとうございました！

僕が科学好きになったきっかけといえば、もうひとつ。小学3年生から6年生まで通っていたベネッセサイエンス教室の先生方。特に、安藤先生、高橋先生、宮崎先生には本当にお世話になりました。先生方のお陰で科学が大好きになり、今では職業として化学者をするまでに至りました。本当にありがとうございました！

また、僕が大学に行き、自分の研究の可能性を広げられたのは母校である北杜市立甲陵高校の先生方のお陰です。僕の化学者としての考え方、矜恃、思考を全て形作るきっかけとなった化学の先生である中嶌健司先生、英語の先生で僕が大学受験から逃げそうになったときに背中を押してくださった丸林和代先生、物理の先生で僕が模擬人工衛星を作ったりいろいろな実験をするときに親身に付き合ってくださり応援してくださった、現在は校長先生の鈴木伸幸先生。本当にたくさんの先生にお世話になったのでここでは挙げきれないのですが、甲陵中学・高校のすべての先生方、本当にありがとうございました。

そして、僕が個人的にずっとお世話になっていて、応援してくださっている方々。中学1年生のときに、電車の中のボックス席で偶然ご一緒し、それからずっと応援してくださっている長坂自動車教習所所長の北林 亘さん。所長さんがくださったたくさんの本のお陰で、人生の考え方の軸ができました。いつも送ってくださる葉書の言葉の数々に、物凄く力をいただいています。いつか所長さんのように素敵な言葉を届けられる人になりたいです。

僕が空手を習っていたときの先生でもある、山梨県の歯科医院・歯科若尾の若尾徳男先生。僕がひやっしーを広め始めたばかりのころで困っていたときに、ひやっしーをいち早く導入してくださいました。そして歯医者さんとしても、僕が中学3年のころに前歯が2本取れかけてしまうような大事故のときも、小学生のころに歯の矯正をするときも、最先端の技術と凄腕の技で治してくださいました。

また、若尾先生と同じく、僕が小さいころから応援してくださっている、山梨県の内科医院・斉藤内科循環器科医院の斉藤勇三先生。病院に行くといつも明るく元気に接してくださり、すごく元気が出ます。同じ航空マニアとして先生からいただいた飛行機の模型や、僕の研究になぞらえたプレゼントとしていただいた火星儀、CRRAのラボに大切に飾っています!

僕が高校生のときからずっとコーチングしてくださっている坂 慎弥さん。夢を次々に実現させていくことができるのは、坂さんから教わった考え方や視点です。いつも僕やCRRAのメンバーをコーチしてくださり、本当にありがとうございます。

CRRAの研究をひとりでも多くの人に届けるべく広報・PRの面で多大な応援をしてくださっている、合同会社イーストタイムズCEOの中野さん、そして、星さんをはじめたくさんの社員の皆さん。プレスリリースの記事などを作って応援してくださり、本当にありがとうございます。

CRRAの社歌を作ってくださったり、写真、音楽素材、その他広報面でたくさん応援してくださっている、音楽家兼演奏家のpoco moonさん。いつも本当にありがとうございます!

僕の研究に多大なご支援をくださっている、株式会社Happy Qualityの宮地 誠さん。宮地さんのご支援がなければ、ここまで研究を続けてくることはできませんでした。経営者としての考え方やものの見方も、宮地さんに教えていただきました。いつも本当にありがとうございます。

僕が高校生のときから研究の可能性を信じてくださり、応援してくださっている高須クリニック院長の高須克弥先生。「僕の癌が治るのが先か、村木君が温暖化を解決するのが先か、勝負だ！」のお言葉、負けないように全力で頑張っているところです！

僕が研究でお世話になっている各企業・機関の皆様にもお礼申し上げます。

僕の出身である、総務省異能vation事務局の角川アスキー総合研究所の皆様。

「そらりん計画」で共同研究に取り組んでいるサカタインクス株式会社の皆様。

二酸化炭素から化粧品を作る計画で一緒に研究をさせていただいているポーラ化成工業株式会社の皆様。

農業分野で二酸化炭素を減らすべく一緒に研究させていただいている、イノチオアグリ株式会社の皆様。

二酸化炭素経済圏を作るべく応援・ご尽力くださっている認知科学者の苫米地英人さんをはじめとしたコグニティブリサーチラボ株式会社の皆様。

研究を進める中で大変お世話になりました。本当にありがとうございます。

最後にTwitterフォロワーの皆さん、「ひやっしーファンクラブ」の皆さん、いつも応援・ご支援いただき本当にありがとうございます！「CRRA応援サイト」でのクラウドファンディングにご支援くださった皆さんも、本当にありがとうございます!!

最後になりましたが、この本を書くにあたり多大なご協力をいただいた光文社ノンフィクション編集部の原 里奈さん、この本のPRに関してご尽力くださった、僕のマネジメントを行ってくださっている株式会社ホリプロ スポーツ文化事業部の永楽順子さんに心より感謝申し上げます。

2021年9月

村木風海

【引用】
P.07
『George's Secret Key to the Universe』Lucy&Stephen Hawking
Simon & Schuster Books for Young Readers; Reprint版 2009年
『宇宙への秘密の鍵』ルーシー&スティーヴン・ホーキング／作　さくまゆみこ／訳　佐藤勝彦／日本語版監修
岩崎書店　2008年

【提供】
P.08〜09
NASA/Science & Society Picture Library/アフロ

村木 風海 Kazumi Muraki

2000年 神奈川県相模原市生まれ、山梨県出身。化学者、発明家、冒険家、社会起業家。
一般社団法人 炭素回収技術研究機構(CRRA)代表理事・機構長。東京大学工学部 化学生命工学科3年生。
小学4年生のころから地球温暖化を止めるための発明と人類の火星移住を実現させる研究を行っている。
専門はCO_2直接空気回収(DAC)、CO_2からの燃料・化成品合成。
2017年 総務省異能vation「破壊的な挑戦部門」本採択。研究実績をもとに、2019年 東京大学工学部領域5 推薦入試合格・
理科I類入学。同年、日本発「世界を変える30歳未満」30人としてForbes JAPAN 30 UNDER 30 JAPAN 2019 サイエンス
部門受賞。2021年、ポーラ化成工業株式会社 フロンティアリサーチセンター 特別研究員(サイエンスフェロー)、
株式会社Happy Quality 科学技術顧問を兼任。さらに、内閣府ムーンショットアンバサダーに就任。
夢は、「地球温暖化を止めて地球上の77億人全員を救い、火星移住も実現して人類で初の火星人になる」こと。
国や大学に依存しない独立系研究機関として、CRRAの仲間とともに全力で研究を楽しんでいる。
特技：化学実験。趣味：化学実験。映画鑑賞やバドミントン、船や飛行機の操縦も好き。
好きな食べ物：全部「ば」がつく。湯葉、そば、馬刺し！(笑)

CRRA 公式サイト: https://www.crra.jp/ ("CRRA"で検索)
村木風海 公式Twitter：@Kazumi_Muraki ("村木風海"で検索)

火星に住むつもりです
～二酸化炭素が地球を救う～

2021年9月30日　初版第1刷発行

アートディレクション　稲垣絹子(Jupe design)
デザイン　　　　　　　越後 恵／横田真美(Jupe design)
イラスト　　　　　　　peco'me

著　者　村木風海

発行者　田邉浩司
発行所　株式会社　光文社
　　　　〒112-8011　東京都文京区音羽1-16-6
　　　　https://www.kobunsha.com/
電話　　編集部 03-5395-8172
　　　　書籍販売部 03-5395-8116
　　　　業務部 03-5395-8125
　　　　メール　non@kobunsha.com

落丁本・乱丁本は業務部へご連絡くだされば、お取り替えいたします。

組　版　萩原印刷
印刷所　萩原印刷
製本所　ナショナル製本